中华人民共和国

标准施工招标资格预审文件

（2007 年版）

《标准文件》编制组

中 国 计 划 出 版 社

2007 北 京

图书在版编目（CIP）数据

中华人民共和国标准施工招标资格预审文件：2007年版/《标准文件》编制组编．—北京：中国计划出版社，2007.11（2012.6）
ISBN 978-7-80242-028-1

Ⅰ．中… Ⅱ．标… Ⅲ．建筑工程－工程施工－招标－文件－中国－2007 Ⅳ．TU723

中国版本图书馆 CIP 数据核字（2007）第158466号

中华人民共和国标准施工招标资格预审文件（2007年版）
《标准文件》编制组

中国计划出版社出版
网址：www.jhpress.com
地址：北京市西城区木樨地北里甲11号国宏大厦C座4层
邮政编码：100038 电话：（010）63906433（发行部）
新华书店北京发行所发行
三河富华印刷包装有限公司印刷

880mm×1230mm 1/16 3.25印张 53千字
2007年11月第1版 2013年4月第5次印刷

ISBN 978-7-80242-028-1
定价：12.00元

使用说明

一、《标准施工招标资格预审文件》（以下简称《标准资格预审文件》）用相同序号标示的章、节、条、款、项、目，供招标人和投标人选择使用；《标准资格预审文件》以空格标示的由招标人填写的内容，招标人应根据招标项目具体特点和实际需要具体化，确实没有需要填写的，在空格中用“/”标示。

二、招标人按照《标准资格预审文件》第一章“资格预审公告”的格式发布资格预审公告后，将实际发布的资格预审公告编入出售的资格预审文件中，作为资格预审邀请。资格预审公告应同时注明发布所在的所有媒介名称。

三、《标准资格预审文件》第三章“资格审查办法”分别规定合格制和有限数量制两种资格审查方法，供招标人根据招标项目具体特点和实际需要选择适用。如无特殊情况，鼓励招标人采用合格制。

第三章“资格审查办法”前附表应按试行规定要求列明全部审查因素和审查标准，并在本章（前附表及正文）标明申请人不满足其要求即不能通过资格预审的全部条款。

四、《标准资格预审文件》为2007年版，将根据实际执行过程中出现的问题及时进行修改。各使用单位或个人对《标准资格预审文件》的修改意见和建议，可向编制工作小组反映。

联系电话：（010）68502510

___________（项目名称）___________标段施工招标

资 格 预 审 文 件

招标人：_______________（盖单位章）

_____年_____月_____日

目　录

第一章　资格预审公告

＿＿＿＿＿（项目名称）＿＿＿＿＿标段施工招标
资格预审公告（代招标公告）

1. 招标条件

本招标项目＿＿＿＿＿（项目名称）已由＿＿＿＿＿（项目审批、核准或备案机关名称）以＿＿＿＿＿（批文名称及编号）批准建设，项目业主为＿＿＿＿＿，建设资金来自＿＿＿＿＿（资金来源），项目出资比例为＿＿＿＿＿，招标人为＿＿＿＿＿。项目已具备招标条件，现进行公开招标，特邀请有兴趣的潜在投标人（以下简称申请人）提出资格预审申请。

2. 项目概况与招标范围

＿＿＿＿＿（说明本次招标项目的建设地点、规模、计划工期、招标范围、标段划分等）。

3. 申请人资格要求

3.1　本次资格预审要求申请人具备＿＿＿＿＿资质，＿＿＿＿＿业绩，并在人员、设备、资金等方面具备相应的施工能力。

3.2　本次资格预审＿＿＿＿＿（接受或不接受）联合体资格预审申请。联合体申请资格预审的，应满足下列要求：＿＿＿＿＿。

3.3　各申请人可就上述标段中的＿＿＿＿（具体数量）个标段提出资格预审申请。

4. 资格预审方法

本次资格预审采用＿＿＿＿＿（合格制／有限数量制）。

5. 资格预审文件的获取

5.1　请申请人于＿＿＿年＿＿＿月＿＿＿日至＿＿＿年＿＿＿月＿＿＿日（法定公休日、法定节假日除外），每日上午＿＿＿时至＿＿＿时，下午＿＿＿时至＿＿＿时（北京时间，下同），在＿＿＿＿＿（详细地址）持单位介绍信购买资格预审文件。

5.2　资格预审文件每套售价＿＿＿＿＿＿＿元，售后不退。

5.3　邮购资格预审文件的，需另加手续费（含邮费）＿＿＿＿＿＿＿元。招标人在收到单位介绍信和邮购款（含手续费）后＿＿＿日内寄送。

6. 资格预审申请文件的递交

6.1　递交资格预审申请文件截止时间（申请截止时间，下同）为＿＿＿＿年＿＿＿＿月＿＿＿＿日＿＿＿＿时＿＿＿＿分，地点为＿＿＿＿。

6.2　逾期送达或者未送达指定地点的资格预审申请文件，招标人不予受理。

7. 发布公告的媒介

本次资格预审公告同时在＿＿＿＿＿＿（发布公告的媒介名称）上发布。

8. 联系方式

招 标 人：＿＿＿＿＿＿＿＿＿＿＿＿	招标代理机构：＿＿＿＿＿＿＿＿＿＿＿＿
地　　址：＿＿＿＿＿＿＿＿＿＿＿＿	地　　址：＿＿＿＿＿＿＿＿＿＿＿＿
邮　　编：＿＿＿＿＿＿＿＿＿＿＿＿	邮　　编：＿＿＿＿＿＿＿＿＿＿＿＿
联 系 人：＿＿＿＿＿＿＿＿＿＿＿＿	联 系 人：＿＿＿＿＿＿＿＿＿＿＿＿
电　　话：＿＿＿＿＿＿＿＿＿＿＿＿	电　　话：＿＿＿＿＿＿＿＿＿＿＿＿
传　　真：＿＿＿＿＿＿＿＿＿＿＿＿	传　　真：＿＿＿＿＿＿＿＿＿＿＿＿
电子邮件：＿＿＿＿＿＿＿＿＿＿＿＿	电子邮件：＿＿＿＿＿＿＿＿＿＿＿＿
网　　址：＿＿＿＿＿＿＿＿＿＿＿＿	网　　址：＿＿＿＿＿＿＿＿＿＿＿＿
开户银行：＿＿＿＿＿＿＿＿＿＿＿＿	开户银行：＿＿＿＿＿＿＿＿＿＿＿＿
账　　号：＿＿＿＿＿＿＿＿＿＿＿＿	账　　号：＿＿＿＿＿＿＿＿＿＿＿＿

＿＿＿＿年＿＿＿＿月＿＿＿＿日

第二章　申请人须知

申请人须知前附表

条款号	条 款 名 称	编 列 内 容
1.1.2	招标人	名称： 地址： 联系人： 电话：
1.1.3	招标代理机构	名称： 地址： 联系人： 电话：
1.1.4	项目名称	
1.1.5	建设地点	
1.2.1	资金来源	
1.2.2	出资比例	
1.2.3	资金落实情况	
1.3.1	招标范围	
1.3.2	计划工期	计划工期：__________日历天 计划开工日期：________年______月______日 计划竣工日期：________年______月______日
1.3.3	质量要求	
1.4.1	申请人资质条件、能力和信誉	资质条件： 财务要求： 业绩要求： 信誉要求： 项目经理（建造师，下同）资格： 其他要求：
1.4.2	是否接受联合体资格预审申请	□不接受 □接受，应满足下列要求：
2.2.1	申请人要求澄清 资格预审文件的截止时间	
2.2.2	招标人澄清 资格预审文件的截止时间	

续表

条款号	条 款 名 称	编 列 内 容
2.2.3	申请人确认收到 资格预审文件澄清的时间	
2.3.1	招标人修改 资格预审文件的截止时间	
2.3.2	申请人确认收到 资格预审文件修改的时间	
3.1.1	申请人需补充的其他材料	
3.2.4	近年财务状况的年份要求	____年
3.2.5	近年完成的类似项目的 年份要求	____年
3.2.7	近年发生的诉讼及仲裁情况的 年份要求	____年
3.3.1	签字或盖章要求	
3.3.2	资格预审申请文件副本份数	____份
3.3.3	资格预审申请文件的装订要求	
4.1.2	封套上写明	招标人的地址： 招标人全称： ______（项目名称）____标段施工招标资格预审申请文件在____年____月____日____时____分前不得开启
4.2.1	申请截止时间	____年____月____日____时____分
4.2.2	递交资格预审申请文件的地点	
4.2.3	是否退还资格预审申请文件	
5.1.2	审查委员会人数	
5.2	资格审查方法	
6.1	资格预审结果的通知时间	
6.3	资格预审结果的确认时间	
9	**需要补充的其他内容**	
……	……	
……	……	

1. 总则

1.1 项目概况

1.1.1 根据《中华人民共和国招标投标法》等有关法律、法规和规章的规定，本招标项目已具备招标条件，现进行公开招标，特邀请有兴趣承担本标段施工的申请人提出资格预审申请。

1.1.2 本招标项目招标人：见申请人须知前附表。

1.1.3 本标段招标代理机构：见申请人须知前附表。

1.1.4 本招标项目名称：见申请人须知前附表。

1.1.5 本标段建设地点：见申请人须知前附表。

1.2 资金来源和落实情况

1.2.1 本招标项目的资金来源：见申请人须知前附表。

1.2.2 本招标项目的出资比例：见申请人须知前附表。

1.2.3 本招标项目的资金落实情况：见申请人须知前附表。

1.3 招标范围、计划工期和质量要求

1.3.1 本次招标范围：见申请人须知前附表。

1.3.2 本标段的计划工期：见申请人须知前附表。

1.3.3 本标段的质量要求：见申请人须知前附表。

1.4 申请人资格要求

1.4.1 申请人应具备承担本标段施工的资质条件、能力和信誉。

（1）资质条件：见申请人须知前附表；

（2）财务要求：见申请人须知前附表；

（3）业绩要求：见申请人须知前附表；

（4）信誉要求：见申请人须知前附表；

（5）项目经理资格：见申请人须知前附表；

（6）其他要求：见申请人须知前附表。

1.4.2 申请人须知前附表规定接受联合体申请资格预审的，联合体申请人除应符合本章第 1.4.1 项和申请人须知前附表的要求外，还应遵守以下规定：

（1）联合体各方必须按资格预审文件提供的格式签订联合体协议书，明确联合体牵头人和各方的权利义务；

（2）由同一专业的单位组成的联合体，按照资质等级较低的单位确定资质等级；

（3）通过资格预审的联合体，其各方组成结构或职责，以及财务能力、信誉情况等资格条件不得改变；

（4）联合体各方不得再以自己名义单独或加入其他联合体在同一标段中参加资格预审。

1.4.3　申请人不得存在下列情形之一：

（1）为招标人不具有独立法人资格的附属机构（单位）；

（2）为本标段前期准备提供设计或咨询服务的，但设计施工总承包的除外；

（3）为本标段的监理人；

（4）为本标段的代建人；

（5）为本标段提供招标代理服务的；

（6）与本标段的监理人或代建人或招标代理机构同为一个法定代表人的；

（7）与本标段的监理人或代建人或招标代理机构相互控股或参股的；

（8）与本标段的监理人或代建人或招标代理机构相互任职或工作的；

（9）被责令停业的；

（10）被暂停或取消投标资格的；

（11）财产被接管或冻结的；

（12）在最近三年内有骗取中标或严重违约或重大工程质量问题的。

1.5　语言文字

除专用术语外，来往文件均使用中文。必要时专用术语应附有中文注释。

1.6　费用承担

申请人准备和参加资格预审发生的费用自理。

2. 资格预审文件

2.1　资格预审文件的组成

2.1.1　本次资格预审文件包括资格预审公告、申请人须知、资格审查办法、资格预审申请文件格式、项目建设概况，以及根据本章第 2.2 款对资格预审文件的澄清和第 2.3 款对资格预审文件的修改。

2.1.2　当资格预审文件、资格预审文件的澄清或修改等在同一内容的表述上不一致时，以最后发出的书面文件为准。

2.2　资格预审文件的澄清

2.2.1　申请人应仔细阅读和检查资格预审文件的全部内容。如有疑问，应在申请人须知前附表规定的时间前以书面形式（包括信函、电报、传真等可以有形表现所载内容的形式，下同），要求招标人对资格预审文件进行澄清。

2.2.2　招标人应在申请人须知前附表规定的时间前，以书面形式将澄清内容发给所有购买资格预审文件的申请人，但不指明澄清问题的来源。

2.2.3　申请人收到澄清后，应在申请人须知前附表规定的时间内以书面形式通知招标人，确认已收到该澄清。

2.3　资格预审文件的修改

2.3.1　在申请人须知前附表规定的时间前，招标人可以书面形式通知申请人修改资格预审文件。在申请人须知前附表规定的时间后修改资格预审文件的，招标人应相应顺延申请截止时间。

2.3.2　申请人收到修改的内容后，应在申请人须知前附表规定的时间内以书面形式通知招标人，确认已收到该修改。

3. 资格预审申请文件的编制

3.1　资格预审申请文件的组成

3.1.1　资格预审申请文件应包括下列内容：

（1）资格预审申请函；

（2）法定代表人身份证明或附有法定代表人身份证明的授权委托书；

（3）联合体协议书；

（4）申请人基本情况表；

（5）近年财务状况表；

（6）近年完成的类似项目情况表；

（7）正在施工和新承接的项目情况表；

（8）近年发生的诉讼及仲裁情况；

（9）其他材料：见申请人须知前附表。

3.1.2　申请人须知前附表规定不接受联合体资格预审申请的或申请人没有组成联合体的，资格预审申请文件不包括本章第 3.1.1（3）目所指的联合体协议书。

3.2　资格预审申请文件的编制要求

3.2.1　资格预审申请文件应按第四章“资格预审申请文件格式”进行编写，如有必要，可以增加附页，并作为资格预审申请文件的组成部分。申请人须知前附表规定接受联合体资格预审申请的，本章第 3.2.3 项至第 3.2.7 项规定的表格和资料应包括联合体各方相关情况。

3.2.2　法定代表人授权委托书必须由法定代表人签署。

3.2.3　“申请人基本情况表”应附申请人营业执照副本及其年检合格的证明材料、资质证书副本和安全生产许可证等材料的复印件。

3.2.4　“近年财务状况表”应附经会计师事务所或审计机构审计的财务会计报表，包括资产负债表、现金流量表、利润表和财务情况说明书的复印件，具体年份要求见申请人须知前附表。

3.2.5 "近年完成的类似项目情况表"应附中标通知书和（或）合同协议书、工程接收证书（工程竣工验收证书）的复印件，具体年份要求见申请人须知前附表。每张表格只填写一个项目，并标明序号。

3.2.6 "正在施工和新承接的项目情况表"应附中标通知书和（或）合同协议书复印件。每张表格只填写一个项目，并标明序号。

3.2.7 "近年发生的诉讼及仲裁情况"应说明相关情况，并附法院或仲裁机构作出的判决、裁决等有关法律文书复印件，具体年份要求见申请人须知前附表。

3.3 资格预审申请文件的装订、签字

3.3.1 申请人应按本章第 3.1 款和第 3.2 款的要求，编制完整的资格预审申请文件，用不褪色的材料书写或打印，并由申请人的法定代表人或其委托代理人签字或盖单位章。资格预审申请文件中的任何改动之处应加盖单位章或由申请人的法定代表人或其委托代理人签字确认。签字或盖章的具体要求见申请人须知前附表。

3.3.2 资格预审申请文件正本一份，副本份数见申请人须知前附表。正本和副本的封面上应清楚地标记"正本"或"副本"字样。当正本和副本不一致时，以正本为准。

3.3.3 资格预审申请文件正本与副本应分别装订成册，并编制目录，具体装订要求见申请人须知前附表。

4. 资格预审申请文件的递交

4.1 资格预审申请文件的密封和标识

4.1.1 资格预审申请文件的正本与副本应分开包装，加贴封条，并在封套的封口处加盖申请人单位章。

4.1.2 在资格预审申请文件的封套上应清楚地标记"正本"或"副本"字样，封套还应写明的其他内容见申请人须知前附表。

4.1.3 未按本章第 4.1.1 项或第 4.1.2 项要求密封和加写标记的资格预审申请文件，招标人不予受理。

4.2 资格预审申请文件的递交

4.2.1 申请截止时间：见申请人须知前附表。

4.2.2 申请人递交资格预审申请文件的地点：见申请人须知前附表。

4.2.3 除申请人须知前附表另有规定的外，申请人所递交的资格预审申请文件不予退还。

4.2.4 逾期送达或者未送达指定地点的资格预审申请文件，招标人不予受理。

5. 资格预审申请文件的审查

5.1 审查委员会

5.1.1 资格预审申请文件由招标人组建的审查委员会负责审查。审查委员会参照《中华人民共和国招标投标法》第三十七条规定组建。

5.1.2 审查委员会人数：见申请人须知前附表。

5.2 资格审查

审查委员会根据申请人须知前附表规定的方法和第三章“资格审查办法”中规定的审查标准，对所有已受理的资格预审申请文件进行审查。没有规定的方法和标准不得作为审查依据。

6. 通知和确认

6.1 通知

招标人在申请人须知前附表规定的时间内以书面形式将资格预审结果通知申请人，并向通过资格预审的申请人发出投标邀请书。

6.2 解释

应申请人书面要求，招标人应对资格预审结果作出解释，但不保证申请人对解释内容满意。

6.3 确认

通过资格预审的申请人收到投标邀请书后，应在申请人须知前附表规定的时间内以书面形式明确表示是否参加投标。在申请人须知前附表规定时间内未表示是否参加投标或明确表示不参加投标的，不得再参加投标。因此造成潜在投标人数量不足 3 个的，招标人重新组织资格预审或不再组织资格预审而直接招标。

7. 申请人的资格改变

通过资格预审的申请人组织机构、财务能力、信誉情况等资格条件发生变化，使其不再实质上满足第三章“资格审查办法”规定标准的，其投标不被接受。

8. 纪律与监督

8.1 严禁贿赂

严禁申请人向招标人、审查委员会成员和与审查活动有关的其他工作人员行贿。在资格预审期间，不得邀请招标人、审查委员会成员以及与审查活动有关的其他工作人员到申请人单位参观考察，或出席申请人主办、赞助的任何活动。

8.2 不得干扰资格审查工作

申请人不得以任何方式干扰、影响资格预审的审查工作，否则将导致其不能通过资格预审。

8.3 保密

招标人、审查委员会成员，以及与审查活动有关的其他工作人员应对资格预审申请文件的审查、比较进行保密，不得在资格预审结果公布前透露资格预审结果，不得向他人透露可能影响公平竞争的有关情况。

8.4 投诉

申请人和其他利害关系人认为本次资格预审活动违反法律、法规和规章规定的，有权向有关行政监督部门投诉。

9. 需要补充的其他内容

需要补充的其他内容：见申请人须知前附表。

第三章 资格审查办法（合格制）

资格审查办法前附表

条款号		审查因素	审查标准
2.1	初步审查标准	申请人名称	与营业执照、资质证书、安全生产许可证一致
		申请函签字盖章	有法定代表人或其委托代理人签字或加盖单位章
		申请文件格式	符合第四章“资格预审申请文件格式”的要求
		联合体申请人	提交联合体协议书，并明确联合体牵头人（如有）
		……	……
2.2	详细审查标准	营业执照	具备有效的营业执照
		安全生产许可证	具备有效的安全生产许可证
		资质等级	符合第二章“申请人须知”第 1.4.1 项规定
		财务状况	符合第二章“申请人须知”第 1.4.1 项规定
		类似项目业绩	符合第二章“申请人须知”第 1.4.1 项规定
		信誉	符合第二章“申请人须知”第 1.4.1 项规定
		项目经理资格	符合第二章“申请人须知”第 1.4.1 项规定
		其他要求	符合第二章“申请人须知”第 1.4.1 项规定
		联合体申请人	符合第二章“申请人须知”第 1.4.2 项规定
		……	……

1. 审查方法

本次资格预审采用合格制。凡符合本章第 2.1 款和第 2.2 款规定审查标准的申请人均通过资格预审。

2. 审查标准

2.1 初步审查标准

初步审查标准：见资格审查办法前附表。

2.2 详细审查标准

详细审查标准：见资格审查办法前附表。

3. 审查程序

3.1 初步审查

3.1.1 审查委员会依据本章第 2.1 款规定的标准，对资格预审申请文件进行初步审查。有一项因素不符合审查标准的，不能通过资格预审。

3.1.2 审查委员会可以要求申请人提交第二章"申请人须知"第 3.2.3 项至第 3.2.7 项规定的有关证明和证件的原件，以便核验。

3.2 详细审查

3.2.1 审查委员会依据本章第 2.2 款规定的标准，对通过初步审查的资格预审申请文件进行详细审查。有一项因素不符合审查标准的，不能通过资格预审。

3.2.2 通过资格预审的申请人除应满足本章第 2.1 款、第 2.2 款规定的审查标准外，还不得存在下列任何一种情形：

（1）不按审查委员会要求澄清或说明的；

（2）有第二章"申请人须知"第 1.4.3 项规定的任何一种情形的；

（3）在资格预审过程中弄虚作假、行贿或有其他违法违规行为的。

3.3 资格预审申请文件的澄清

在审查过程中，审查委员会可以书面形式，要求申请人对所提交的资格预审申请文件中不明确的内容进行必要的澄清或说明。申请人的澄清或说明应采用书面形式，并不得改变资格预审申请文件的实质性内容。申请人的澄清和说明内容属于资格预审申请文件的组成部分。招标人和审查委员会不接受申请人主动提出的澄清或说明。

4. 审查结果

4.1 提交审查报告

审查委员会按照本章第 3 条规定的程序对资格预审申请文件完成审查后，确定通过资格预审的申请人名单，并向招标人提交书面审查报告。

4.2 重新进行资格预审或招标

通过资格预审申请人的数量不足 3 个的，招标人重新组织资格预审或不再组织资格预审而直接招标。

第三章　资格审查办法（有限数量制）

资格审查办法前附表

条款号		条款名称	编列内容
1		通过资格预审的人数	
2		审查因素	审查标准
2.1	初步审查标准	申请人名称	与营业执照、资质证书、安全生产许可证一致
		申请函签字盖章	有法定代表人或其委托代理人签字或加盖单位章
		申请文件格式	符合第四章“资格预审申请文件格式”的要求
		联合体申请人	提交联合体协议书，并明确联合体牵头人(如有)
		……	……
2.2	详细审查标准	营业执照	具备有效的营业执照
		安全生产许可证	具备有效的安全生产许可证
		资质等级	符合第二章“申请人须知”第 1.4.1 项规定
		财务状况	符合第二章“申请人须知”第 1.4.1 项规定
		类似项目业绩	符合第二章“申请人须知”第 1.4.1 项规定
		信誉	符合第二章“申请人须知”第 1.4.1 项规定
		项目经理资格	符合第二章“申请人须知”第 1.4.1 项规定
		其他要求	符合第二章“申请人须知”第 1.4.1 项规定
		联合体申请人	符合第二章“申请人须知”第 1.4.2 项规定
		……	……
2.3	评分标准	评分因素	评分标准
		财务状况	……
		类似项目业绩	……
		信誉	……
		认证体系	……
		……	……

1. 审查方法

本次资格预审采用有限数量制。审查委员会依据本章规定的审查标准和程序，对通过初步审查和详细审查的资格预审申请文件进行量化打分，按得分由高到低的顺序确定通过资格预审的申请人。通过资格预审的申请人不超过资格审查办法前附表规定的数量。

2. 审查标准

2.1 初步审查标准

初步审查标准：见资格审查办法前附表。

2.2 详细审查标准

详细审查标准：见资格审查办法前附表。

2.3 评分标准

评分标准：见资格审查办法前附表。

3. 审查程序

3.1 初步审查

3.1.1 审查委员会依据本章第 2.1 款规定的标准，对资格预审申请文件进行初步审查。有一项因素不符合审查标准的，不能通过资格预审。

3.1.2 审查委员会可以要求申请人提交第二章"申请人须知"第 3.2.3 项至第 3.2.7 项规定的有关证明和证件的原件，以便核验。

3.2 详细审查

3.2.1 审查委员会依据本章第 2.2 款规定的标准，对通过初步审查的资格预审申请文件进行详细审查。有一项因素不符合审查标准的，不能通过资格预审。

3.2.2 通过详细审查的申请人，除应满足本章第 2.1 款、第 2.2 款规定的审查标准外，还不得存在下列任何一种情形：

（1）不按审查委员会要求澄清或说明的；

（2）有第二章"申请人须知"第 1.4.3 项规定的任何一种情形的；

（3）在资格预审过程中弄虚作假、行贿或有其他违法违规行为的。

3.3 资格预审申请文件的澄清

在审查过程中，审查委员会可以书面形式，要求申请人对所提交的资格预审申请文件中不明确的内容进行必要的澄清或说明。申请人的澄清或说明采用书面形式，并不得改变资格预审申请文件的实质性内容。申请人的澄清和说明内容属于资格预审申请文件的组成部分。

招标人和审查委员会不接受申请人主动提出的澄清或说明。

3.4 评分

3.4.1 通过详细审查的申请人不少于 3 个且没有超过本章第 1 条规定数量的，均通过资格预审，不再进行评分。

3.4.2 通过详细审查的申请人数量超过本章第 1 条规定数量的，审查委员会依据本章第 2.3 款评分标准进行评分，按得分由高到低的顺序进行排序。

4. 审查结果

4.1 提交审查报告

审查委员会按照本章第 3 条规定的程序对资格预审申请文件完成审查后，确定通过资格预审的申请人名单，并向招标人提交书面审查报告。

4.2 重新进行资格预审或招标

通过详细审查申请人的数量不足 3 个的，招标人重新组织资格预审或不再组织资格预审而直接招标。

第四章　资格预审申请文件格式

__________（项目名称）__________标段施工招标

资格预审申请文件

申请人：______________（盖单位章）

法定代表人或其委托代理人：______________（签字）

_____年_____月_____日

目　　录

一、资格预审申请函

________________________（招标人名称）：

1. 按照资格预审文件的要求，我方（申请人）递交的资格预审申请文件及有关资料，用于你方（招标人）审查我方参加___________（项目名称）___________标段施工招标的投标资格。

2. 我方的资格预审申请文件包含第二章“申请人须知”第 3.1.1 项规定的全部内容。

3. 我方接受你方的授权代表进行调查，以审核我方提交的文件和资料，并通过我方的客户，澄清资格预审申请文件中有关财务和技术方面的情况。

4. 你方授权代表可通过___________（联系人及联系方式）得到进一步的资料。

5. 我方在此声明，所递交的资格预审申请文件及有关资料内容完整、真实和准确，且不存在第二章“申请人须知”第 1.4.3 项规定的任何一种情形。

申　请　人：________________________（盖单位章）

法定代表人或其委托代理人：______________（签字）

电　　　话：________________________________

传　　　真：________________________________

申请人地址：________________________________

邮 政 编 码：________________________________

________年________月________日

二、法定代表人身份证明

申请人名称：________________________

单位性质：__________________________

成立时间：______年______月______日

经营期限：__________

姓名：__________性别：__________年龄：____________职务：__________

系______________（申请人名称）的法定代表人。

特此证明。

申请人：__________（盖单位章）

______年______月______日

二、授权委托书

本人_______（姓名）系_______（申请人名称）的法定代表人，现委托_______（姓名）为我方代理人。代理人根据授权，以我方名义签署、澄清、递交、撤回、修改_______（项目名称）_______标段施工招标资格预审申请文件，其法律后果由我方承担。

委托期限：_______。

代理人无转委托权。

附：法定代表人身份证明

申　请　人：____________________（盖单位章）

法定代表人：________________________（签字）

身份证号码：_______________________________

委托代理人：________________________（签字）

身份证号码：_______________________________

_____年_____月_____日

三、联合体协议书

_____（所有成员单位名称）自愿组成_____（联合体名称）联合体，共同参加_____（项目名称）_____标段施工招标资格预审和投标。现就联合体投标事宜订立如下协议。

1. _____（某成员单位名称）为_____（联合体名称）牵头人。

2. 联合体牵头人合法代表联合体各成员负责本标段施工招标项目资格预审申请文件、投标文件编制和合同谈判活动，代表联合体提交和接收相关的资料、信息及指示，处理与之有关的一切事务，并负责合同实施阶段的主办、组织和协调工作。

3. 联合体将严格按照资格预审文件和招标文件的各项要求，递交资格预审申请文件和投标文件，履行合同，并对外承担连带责任。

4. 联合体各成员单位内部的职责分工如下：________________。

5. 本协议书自签署之日起生效，合同履行完毕后自动失效。

6. 本协议书一式____份，联合体成员和招标人各执一份。

注：本协议书由委托代理人签字的，应附法定代表人签字的授权委托书。

牵头人名称：____________________（盖单位章）

法定代表人或其委托代理人：___________（签字）

成员一名称：____________________（盖单位章）

法定代表人或其委托代理人：___________（签字）

成员二名称：____________________（盖单位章）

法定代表人或其委托代理人：___________（签字）

……

_____年_____月_____日

四、申请人基本情况表

<table>
<tr><td>申请人名称</td><td colspan="9"></td></tr>
<tr><td>注册地址</td><td colspan="5"></td><td>邮政编码</td><td colspan="3"></td></tr>
<tr><td rowspan="2">联系方式</td><td>联系人</td><td colspan="4"></td><td>电话</td><td colspan="3"></td></tr>
<tr><td>传真</td><td colspan="4"></td><td>网址</td><td colspan="3"></td></tr>
<tr><td>组织结构</td><td colspan="9"></td></tr>
<tr><td>法定代表人</td><td>姓名</td><td></td><td colspan="2">技术职称</td><td colspan="3"></td><td>电话</td><td></td></tr>
<tr><td>技术负责人</td><td>姓名</td><td></td><td colspan="2">技术职称</td><td colspan="3"></td><td>电话</td><td></td></tr>
<tr><td>成立时间</td><td colspan="2"></td><td colspan="7">员工总人数：</td></tr>
<tr><td>企业资质等级</td><td colspan="2"></td><td rowspan="5">其中</td><td colspan="4">项目经理</td><td colspan="2"></td></tr>
<tr><td>营业执照号</td><td colspan="2"></td><td colspan="4">高级职称人员</td><td colspan="2"></td></tr>
<tr><td>注册资金</td><td colspan="2"></td><td colspan="4">中级职称人员</td><td colspan="2"></td></tr>
<tr><td>开户银行</td><td colspan="2"></td><td colspan="4">初级职称人员</td><td colspan="2"></td></tr>
<tr><td>账号</td><td colspan="2"></td><td colspan="4">技工</td><td colspan="2"></td></tr>
<tr><td>经营范围</td><td colspan="9"></td></tr>
<tr><td>备注</td><td colspan="9"></td></tr>
</table>

附：项目经理简历表

项目经理应附项目经理证、身份证、职称证、学历证、养老保险复印件，管理过的项目业绩须附合同协议书复印件。

姓名		年龄		学历	
职称		职务		拟在本合同任职	
毕业学校	年毕业于	学校	专业		
主要工作经历					

时间	参加过的类似项目	担任职务	发包人及联系电话

五、近年财务状况表

六、近年完成的类似项目情况表

项目名称	
项目所在地	
发包人名称	
发包人地址	
发包人电话	
合同价格	
开工日期	
竣工日期	
承担的工作	
工程质量	
项目经理	
技术负责人	
总监理工程师及电话	
项目描述	
备注	

七、正在施工的和新承接的项目情况表

项目名称	
项目所在地	
发包人名称	
发包人地址	
发包人电话	
签约合同价	
开工日期	
计划竣工日期	
承担的工作	
工程质量	
项目经理	
技术负责人	
总监理工程师及电话	
项目描述	
备注	

八、近年发生的诉讼及仲裁情况

九、其他材料

第五章　项目建设概况

一、项目说明

二、建设条件

三、建设要求

四、其他需要说明的情况

《标准文件》
编 制 人 员 名 单

《标准文件》编制领导小组组长：

杜　鹰

《标准文件》编制领导小组成员：

任　珑　孔令龙　王晓涛　李敬辉　王　宁　刘宇昕　张　梅
苏全利　李彦武　李　华　张春林　钱庭硕　周学文　刘伟平
孙继昌　刁永海　邹　伟

《标准文件》编制工作小组成员（以姓氏笔画为序）：

王伟灵　王　刚　王松波　王晓州　王晓丽　田家珍　孙杰民
江　华　初　勇　张竹彬　张作智　张治峰　张德华　李永恒
李传光　李　成　李茂年　李　峰　李振军　杨小华　沈美丽
肖渭明　苏　琳　周法兴　罗国三　侯昊华　胡　明　胡　滨
赵东晓　骆　涛　贾朝杰　高　天　黄登山　韩志峰

《标准文件》编制专家（以姓氏笔画为序）：

毛林繁　冯志祥　石国虎　刘成贵　何建新　吴必忠　张振江
张德生　李开运　李志强　杨大伟　杨丽坤　邱全宁　邱　闯
陈纪伦　周俊伟　荆贵锁　唐　军　唐　涛　郭占池　顾振东
黄　瑞　程向东　蒋文龙

《标准文件》咨询专家（以姓氏笔画为序）：

于　滨　毛　强　王长林　王永银　王红玲　王武勤　甘　丽
任树本　刘伟民　刘　芳　刘洪波　吕　静　孙　迅　朱建元
何海通　张思静　李关寿　李　承　李富根　杨大雄　杨越强
陈中泉　姚　蓓　姜世文　胡　杰　赵　伟　唐广庆　袁炳玉
郭建欣　郭渭川　顾令宇　曹海军　梁晓燕　彭艾珍　靳党威
穆华伟